Le roman du cannabis

La collection *Monde en cours*
est dirigée par Jean Viard

www.editionsdelaube.com

ISBN 978-2-8159-6031-1

Simon Piel
Thomas Saintourens

Le roman du cannabis

Origines, évolutions et usages

éditions de l'aube

Cannabis, les mystères de l'« herbe du diable »

Le rendez-vous secret a été donné à la nuit tombée, dans un appartement parisien des bords de Seine. La porte s'ouvre sur un salon aux murs dorés, décoré d'allégories où batifolent des satyres et des nymphes. Les meubles et les draperies évoquent un capharnaüm bohème, un repaire oriental nimbé de fumée, aux parfums de café et d'épices. Des hommes sont avachis çà et là. Certains sont hirsutes, le regard vide, fixant les loupiotes comme des moustiques hallucinés. D'autres s'agitent, parfois secoués de crises d'hilarité. Seul debout parmi ces corps affalés, le docteur Jacques Joseph Moreau – dit « Moreau de Tours » – prend des notes sur l'état de ces curieux patients. Ce psychiatre-aliéniste, spécialiste renommé des hallucinations, s'assure aussi d'éviter les défenestrations. C'est lui l'organisateur de la soirée : il mène une expérience médicale inédite.

En cet hiver 1844, Moreau de Tours, âgé de 39 ans, est de retour en France après quatre années à courir l'Orient, où il a étudié la condition des aliénés. Mais il a surtout découvert et expérimenté une mystérieuse résine appelée « haschisch ». Il conserve ainsi dans un vase de cristal une pâte verdâtre, semblable à de la confiture, appelée *dawamesk*. Il s'agit d'une décoction à base de ce fameux haschisch, avec un mélange de divers ingrédients : pistache, sucre, orange, tamarin, clous de girofle, et même de la poudre de cantharide, un coléoptère aux vertus réputées aphrodisiaques.

Ce soir encore, comme à chacune des réunions mensuelles du groupe, le maître de cérémonie ravitaille ses protégés, à même la cuillère ou en tartinant la mixture sur un morceau de biscuit. À mesure que la nuit avance, les substances font leur effet sur les invités, leur « voyage » devient plus extravagant. Que peuvent bien ressentir ces hommes, désormais à la merci de ce « poison de l'âme » ? Laissons la réponse à l'un d'entre eux, l'écrivain

Théophile Gautier : « J'avais, pour ma part, éprouvé une transposition complète de goût. L'eau que je buvais me semblait avoir la saveur du vin le plus exquis, la viande se changeait dans ma bouche en framboise, et réciproquement. Je n'aurais pas discerné une côtelette d'une pêche. Mes voisins commençaient à me paraître un peu originaux ; ils ouvraient de grandes prunelles de chat-huant ; leur nez s'allongeait en proboscide ; leur bouche s'étendait en ouverture de grelot », écrit-il dans une nouvelle parue en 1846 intitulée *Le Club des haschischins*, du nom de cette confrérie de noctambules.

Pouvoirs psychotropes

En guise de cobayes, Moreau de Tours a sélectionné des artistes prêts à confronter leur psyché – ou leur génie créatif – à cette substance à laquelle on prête mille vertus. Outre le fidèle Gautier, Charles Baudelaire, Honoré de Balzac, Gustave Flaubert, Eugène Delacroix, Gérard de Nerval et Victor Hugo en personne viennent parfois s'alanguir sur l'île Saint-Louis lors des soirées du « club ».

Ces avant-gardistes ne sont que les lointains héritiers d'une histoire déjà millénaire. Dans le *Shennong bencao jing* (*Le Classique de la matière médicale du Laboureur céleste*), le plus ancien manuel pharmaco-botanique chinois, les graines de cannabis sont recommandées pour divers usages médicinaux, dont le traitement des hémorragies, des vomissements et des infections parasitaires. Accommodée en préparations diverses, elle est appelée *gañja*, *bhang* et *charas* en Inde ; *dagga* en Afrique du Sud ; *esrar* en Turquie ; *diamba* au Brésil et en Afrique…

Cette herbacée annuelle n'a pas non plus attendu les auteurs romantiques français pour que ses pouvoirs psychotropes deviennent littérature. Le géographe grec Hérodote, en 450 av. J.-C., décrivait les inhalations de ses vapeurs euphorisantes lors de cérémonies funéraires scythes. Le médecin grec Galien, en 170, célébrait des « graines frites servies au dessert avec des sucreries », procurant une sensation de chaleur, mais qui « affectent la tête » si elles sont consommées en grande quantité. Si la mythologie nordique l'associe aux rituels célébrant la déesse du plaisir et de la fécondité Freyja, *L'Histoire du mangeur de haschisch*, l'un des contes les plus populaires des *Mille et Une Nuits*, décrit la déchéance d'un consommateur.

C'est dans cet Orient arpenté par le docteur Moreau que fut édictée la première loi prohibant l'usage du cannabis. Elle remonte à 1378, lorsque l'émir égyptien Soudoun Sheikouni menace les consommateurs de leur faire arracher les dents. En 1484, le pape Innocent VIII, dans sa bulle *Summis desiderantes affectibus*, lance à son tour une chasse aux sorcières et à leurs décoctions maléfiques à base de cette « herbe du diable, herbe des païens et des masses sataniques ».

Sur la Canebière

Les soldats de Napoléon Bonaparte stationnés en Égypte se laissèrent volontiers tenter par le diable : accablés par la chaleur, épuisés par les épidémies et frustrés par le manque d'alcool, ils adoptèrent le *dyâsmouck* – confiture mélangeant cannabis, opium et musc. Cette prise de guerre n'est pas du goût de l'Empereur. Lui-même agressé par un fanatique sous « ivresse cannabique », il réagit au moyen d'un décret paru le 8 octobre 1800 : « L'usage de la liqueur forte faite par quelques musulmans avec une certaine herbe nommée "haschisch", ainsi que de fumer la graine de chanvre sont prohibés dans toute l'Égypte. »

Pourtant, la plante dont est tiré le haschisch est de celles qui bâtissent les empires. Le chanvre pousse facilement, en milieu tempéré, sur tous les continents. Au fil des siècles, sa culture est devenue fondamentale pour la confection de voiles, de cordages, de vêtements, de papier, mais aussi d'aliments.

Des champs piquetés de chanvre à perte de vue : c'est aussi le paysage de la France au XIXe siècle. En 1860, le pays compte 176 000 hectares de cultures de cette plante bonne à tout faire. Ces plantations, appelées « chennevières », sont partout. Elles donnent leur nom à des villages, à des quartiers, à des rues, comme à Marseille, par exemple, traversée d'une artère commerçante animée nommée « Canebière ». Une dénomination qui n'est pas choisie au hasard : en provençal, *canebiera* signifie « chennevière ».

Mais le cannabis demeure une énigme botanique. Certes, en 1753, le naturaliste suédois Carl von Linné l'a référencé et lui a donné son nom : Cannabis sativa L – L pour Linné, sativa pour « cultivé », en latin –, mais, pour le reste, tout est plutôt nébuleux. Les origines du mot cannabis renvoient à une histoire imprécise, et nul ne sait d'où la plante provient exactement ; probablement d'Asie centrale, aux confins de la Mongolie actuelle, non loin du lac Baïkal. Sa taxonomie est, elle aussi, complexe, puisque la famille du cannabis, versatile et adaptable, compte des centaines de souches, très difficiles à isoler en laboratoire.

Vertus analgésiques et sédatives

Au-delà de sa caractérisation, un défi demeure : étudier ses effets sur les hommes, en dépassant les croyances et les mythes. Le premier à mener l'enquête est un médecin irlandais de 24 ans, William Brooke O'Shaughnessy, directeur du collège médical de Calcutta, en Inde. En 1840, intrigué par des vieux textes mystiques vantant cette graine locale, il décide de la mettre à l'épreuve lors d'expériences en laboratoire. Il utilise des chiens errants, nombreux dans les rues de la région, mais aussi des chèvres, des vautours et des poissons rouges.

Après avoir administré dix graines à un chien, le chercheur note, stupéfait, que l'animal est « stupide et ensommeillé, somnolant par intervalle, mangeant goulûment, chancelant quand on l'appelle, son visage ayant l'aspect d'une immense ivresse ». Dans un article intitulé « On the preparations of the indian hemp, or gunjah », le docteur O'Shaughnessy remarque des symptômes semblables chez ses premiers patients humains, recrutés parmi les malades de rhumatisme, du tétanos, du choléra et de la rage. À l'entendre, le cannabis indien a des vertus analgésiques et sédatives prometteuses. Il lui trouve même quelques effets améliorant la libido.

La poursuite des expériences nous ramène à Paris, derrière la porte cochère de l'hôtel de Lauzun, où se réunissent les compères du bon docteur Moreau, qui décrira dans sa thèse, intitulée « Du hachisch et de l'aliénation mentale » (1845), les effets psychologiques et intellectuels du cannabis sur ses disciples. Lesquels, en retour, puisent dans leurs sulfureux huis clos une nouvelle source d'inspiration.

Mais les « haschischins » parisiens ne sont guère prescripteurs. Si, dans les capitales occidentales, le cannabis demeure une affaire d'initiés, c'est au cœur des colonies que sa popularité intrigue. En 1892, le commissaire financier du Pendjab, William Mackworth Young, est chargé par la Couronne britannique d'un audit stratégique sur les mystères des *bhangs* et de la *gañja*. Ses enquêteurs interrogent plus de 1200 personnes – aussi bien des fakirs que des yogis, des collecteurs d'impôts que des contrebandiers. Ils visitent aussi les plus sordides asiles de fous : le gouvernement craint une corrélation entre les crimes sauvages et la consommation de cannabis.

« L'un des médicaments les plus précieux »

Le rapport final, long de 3281 pages, souligne que, « au regard des effets physiques la Commission conclut qu'un usage modéré des drogues de cannabis n'entraîne pratiquement aucun effet néfaste ». D'autant que, sur les 2344 patients admis dans des asiles en 1892, une poignée seulement peuvent être liés à l'usage du cannabis. De quoi rassurer la reine Victoria, à qui son médecin personnel, John Russell Reynolds, a prescrit du cannabis pour ses douleurs menstruelles. Le praticien fait l'éloge de ce remède dans la revue *The Lancet* : « Quand il est pur et administré avec précaution, le cannabis est l'un des médicaments les plus précieux en circulation. »

En quelques années, à la fin du XIXe siècle, le cannabis se fait une place dans la pharmacopée occidentale. Il est vendu chez les apothicaires comme un remède analgésique, contre l'asthme, les insomnies… Il se consomme aussi en pilules, bonbons ou sous forme de « cigarettes indiennes » aux noms évoquant des « ailleurs » merveilleux (« Nuits orientales », « Harem »…). Mais il passe vite de mode. Pour une raison d'abord technique : le cannabis n'est pas soluble dans l'eau et ne peut donc être injecté dans ces nouvelles seringues, vecteurs modernes du boom des opiacés et des alcaloïdes. Pour les troubles plus bénins, le paracétamol et l'acide acétylsalicylique – plus connu sous le nom d'« aspirine » – s'imposent comme les best-sellers des officines.

À l'aube du XXe siècle, le cannabis reste un outsider, bientôt mis au ban de la médecine, en marge de la société et des lieux de pouvoir. Délaissé par les bohèmes, oublié par les scientifiques, il retrouve son statut de drogue exotique, mystique et mystérieuse. Au Brésil, aux Caraïbes ou au Mexique, il est le compagnon du peuple, des ouvriers, des agriculteurs, des manœuvres et des bandits. De ceux qui s'apprêtent à prendre en masse la route vers les États-Unis, leur eldorado… Dans les paquetages de ces migrants latinos, l'Amérique l'ignore encore, s'est glissé un futur ennemi d'État : il s'appelle « marijuana ».

Contre « l'herbe qui rend fou »,
Washington lance
dans les années 1930
une guerre sans merci
à la marijuana

On les dit sales, braillards, voleurs. On se méfie de ces types au teint mat, moustache noire, yeux masqués par les bords de leurs grands chapeaux, de leurs familles aux ribambelles de gamins. Entre 1910 et 1920, 900 000 Mexicains traversent le Rio Grande (ou Rio Bravo, selon eux), fuyant la misère et la guerre civile pour trouver refuge aux États-Unis. Dans leurs baluchons, ils transportent les graines d'une herbe qu'ils fument en cigarettes ou sirotent en infusion : la *mota*, c'est ainsi qu'ils l'appellent. Les autorités américaines lui donneront bientôt un autre surnom : la *locoweed* – l'« herbe qui rend fou ».

Il faut concéder que de redoutables bandits ont contribué à sa réputation. Pancho Villa (1878-1923), le plus emblématique des leaders révolutionnaires mexicains, est lui-même un fumeur invétéré. Ses soldats à la gâchette facile vivent dans un nuage de fumée, au rythme endiablé d'une chanson populaire : *La Cucaracha* (« le cafard »), un terme qui désigne aussi un mégot de joint. « Le cafard, le cafard/Ne peut plus marcher/Car il n'a plus/Car il lui manque/De la marijuana à fumer. »

À ce moment-là, le cannabis est méconnu de la population états-unienne comme des autorités sanitaires. Il est tout au plus un adjuvant incorporé à des préparations médicinales servant à lutter contre le glaucome ou la migraine. Le Harrison Act, la première loi antidrogue de 1914, ne le mentionne pas encore. La cocaïne est alors le principal danger sanitaire.

La conférence internationale de La Haye de 1912, puis les deux conférences sur les stupéfiants de Genève, à l'hiver 1924, s'attaquent, elles aussi, à l'opium fumé et aux drogues manufacturées. Malgré le réquisitoire théâtral du délégué égyptien, le « chanvre indien », dont on ignore largement les effets, demeure régenté en ordre dispersé.

« Assassin de notre jeunesse »

L'Égypte, qui attire les premiers contrebandiers internationaux, fut précurseure, en édictant deux « ordres sublimes », en 1879 et 1891, interdisant la production et la consommation de cannabis. À sa suite, d'autres pays légifèrent au nom de la santé et de la sécurité publiques. Ainsi de la Jamaïque qui, dès 1913, vote sa répressive Ganja Law. L'Empire colonial britannique se montre plus clément sous d'autres cieux. Se référant aux travaux pionniers de la Commission du chanvre (1894-1895), les Anglais laissent les chenevières (les plantations) pousser aux Indes. En France, le business du cannabis est une affaire d'État – le marché du kif marocain, plus précisément, dont la vente est soumise à un monopole d'État depuis 1904, au moyen de la Régie marocaine des kifs et tabacs exploitée par la Banque de Paris et des Pays-Bas (la future BNP).

À vrai dire, ce kif demeure mystérieux, même pour la puissance occupante. Il est défini par un délégué de la banque comme un « tabac à fumer employé surtout par l'indigène ». Toujours selon le rapport des investisseurs, protéger pareil trésor ne semble guère complexe : « Vers le mois de mai, au moment où le kif fait son épi, il faut en chasser les moineaux qui en sont très friands. »

Aux États-Unis, il n'est pas question d'éloigner les passereaux pour préserver la weed, mais bien de chasser ses cultivateurs et ses adeptes. Dans un contexte de crise économique et de prohibition de l'alcool, l'usage récréatif du cannabis se répand doucement. Les uns après les autres, les États fédérés mettent en place des législations répressives. Mais il manque encore un bras armé à cette guerre… Lorsqu'à l'été 1930 le président Herbert Hoover décide de créer le Federal Bureau of Narcotics (FBN, Bureau fédéral des stupéfiants), une brigade de choc, il choisit comme directeur un homme austère et tempétueux, réputé pour ses enquêtes au sein du Bureau de la prohibition. Harry Jacob Anslinger, carrure imposante, borgne, doté d'une grosse tête carrée et d'un cou de taureau, va devenir la figure de la lutte contre les fumeurs de marijuana. Il en fait une obsession.

Anslinger développe une stratégie inédite : agents infiltrés, dispositifs de surveillance, mais aussi un travail de propagande destiné à diaboliser le cannabis, pour lequel il prend soin d'utiliser le mot espagnol « marihuana », stigmatisant les « latinos ». Les journaux du groupe Hearst, notamment, aiment à monter en une les pires *crime stories* aux coupables étrangers intoxiqués par cette drogue. « Marijuana, un assassin de notre jeunesse », titre ainsi, en 1937, *The American Magazine*. L'article raconte comment, quelques années plus tôt, Victor Licata, 21 ans, exécuta à coups de hache son père, sa mère, ses deux frères et sa sœur avant d'être arrêté dans leur maison de Tampa (Floride), son corps baigné de sang sous des habits propres. Un « animal », selon le compte rendu.

Panthéon du jazz

Le magazine n'a pas choisi n'importe quelle plume pour narrer cette sordide histoire : Anslinger lui-même signe cet article qui tient en haleine le pays entier. Mais ce que le chef des « stups » ne dit pas, c'est qu'aucun rapport médical ne prouve que Victor Licata, souffrant de démence, était sous l'emprise du cannabis. L'homme fort du FBN ne s'embarrasse pas de ce détail. Il tient son ennemi numéro un : la marijuana. L'« herbe qui rend fou » (*locoweed*) devient l'« herbe qui tue » (*killerweed*).

Le front de sa bataille s'élargit aux côtes du golfe du Mexique. À La Nouvelle-Orléans (Louisiane) en particulier, dans le quartier de Storyville, rempli de lupanars, de bars clandestins et de clubs enfumés, l'herbe « folle » rencontre le jazz. Les musiciens noirs, amateurs de *reefers* (« joints »), sont une nouvelle cible de choix pour le Bureau des stupéfiants. « Il y a 100 000 fumeurs de marijuana aux États-Unis », affirme Anslinger en 1937.

« La plupart sont des Nègres, des Hispaniques, des Philippins et des gens du spectacle. Leur musique satanique, le jazz, le swing, est le produit de leur usage de la marijuana. Cette même marijuana pousse les femmes blanches à avoir des relations sexuelles avec les Nègres, les artistes et n'importe qui d'autre. »

Les jazzmen ne font pas mystère de leur attraction pour cette drogue qui bouleverse les sens. Ils se surnomment les *vipers*; fument le *muggle*, selon leur argot. Parmi eux, un trompettiste aux joues élastiques et à la voix râpeuse, natif de Storyville : Louis Armstrong. À l'en croire, le *muggle* est « mille fois mieux que le whiskey [...] comme un assistant, un ami, une façon bon marché de se saouler »... Les *reefer songs* deviennent un genre musical à part entière dès la fin des années 1920. Tout jazzman digne de ce nom se doit de graver sur vinyle son ode aux soirées enfumées. *Muggles*, de Louis Armstrong ; *Viper's Drag*, par Fats Waller ; *Reefer Man*, par Cab Calloway ; *Gimme a Pigfoot* (*Gimme a Reefer*), par Bessie

Smith ; ou encore Buck Washington qui, dans *Save the Roach for Me*, appelle ses acolytes à ne pas l'oublier quand le joint passe de main en main, au long d'une comptine accompagnée au piano.

Harry Anslinger n'est pas un mélomane. Mais il collectionne des fiches détaillées sur chaque jazzman fumeur de marijuana. C'est un vrai panthéon : le « Satch » (Armstrong), Dizzy Gillespie, Count Basie, Thelonious Monk… Aucune vedette ne manque. Des consommateurs les plus discrets jusqu'à ceux qui revendiquent leur addiction, voire profiteront de leur vice, assimilé à une maladie chronique, pour échapper au service militaire…

Pourtant, en coulisse, la guerre du cannabis est un conflit commercial. En soutien d'Anslinger, quelques figures des familles les plus influentes de l'économie américaine – dont les Mellon et les Dupont – nouent une alliance de circonstance pour discréditer le chanvre (sous toutes ses formes) et laisser la place aux spécialités maison : pétrole, acier, cellulose, Nylon… Parmi les menaces pesant sur le business de ces familles figure un curieux projet de prototype automobile : la Hemp Body Car, issue de l'imagination sans borne de Henry Ford, présentée comme une voiture en plastique de chanvre roulant au biodiesel.

Amendes astronomiques

La solution choisie pour criminaliser le cannabis – et par la même occasion mettre le chanvre hors-jeu – passe donc par la taxation. Le Marijuana Tax Act, adopté le 2 août 1937 par le Congrès américain, dissuade de fait la production, le commerce et la consommation de cannabis en fixant des amendes astronomiques.

Le premier duo dealeur-consommateur est arrêté à Denver (Colorado) par la police fédérale (FBI) au lendemain de la promulgation de la loi. Leur profil est parfait : Moses Baca, 26 ans, fils de parents mexicains, aurait acheté deux joints à son dealeur, Samuel Caldwell, un chômeur âgé de 58 ans. Lors de leur procès, Baca est condamné à dix-huit mois d'emprisonnement, Caldwell à quatre ans de travaux forcés et 1 000 dollars d'amende. Assis au premier rang de la salle d'audience, un homme sourit : Harry Anslinger ne pouvait manquer de savourer sa victoire…

C'est sur grand écran qu'il poursuit sa croisade. Comme ce 12 juillet 1936, où le film *Reefer Madness* (« la folie du joint », dans les salles en France sous le titre *Touchez pas à la chnouf*), fruit de la propagande à grande échelle, sort dans les cinémas à travers le pays. « Regardez ce film maintenant, avant qu'il ne soit trop tard », met en garde la bande-annonce. Au commencement est un charmant petit couple sans histoire. Bill et Mary vivent heureux jusqu'à ce que Jack, le dealeur du coin, débarque en tentateur. Bill se laisse séduire par l'herbe tueuse. Dès lors, les drames se succèdent, rythmés par une bande-son angoissante. Meurtre, luxure, défenestration… On s'en doute, il n'y aura pas de *happy end* pour Bill et Mary.

Anslinger s'en rend bien compte : les vedettes de cinéma sont plus populaires que les jazzmen. C'est dans les banlieues chics de Los Angeles que le chef des « stups » part à la chasse de son nouveau trophée. Ainsi, une nuit de l'été 1948, la police fait irruption dans une maisonnette de Laurel Canyon. Dans les vapeurs de fumée émerge la silhouette d'un trentenaire brun. Robert Mitchum, acteur prometteur, croit sa carrière terminée. Il écope de quarante-trois jours de prison, accompagnés d'une photo souvenir, un balai à la main, pour les archives des « stups ». Cette affaire, médiatisée comme un soap opera, change son image de jeune premier en celle d'un dur à cuire et relance sa carrière. La même année, Anslinger goûte lui aussi au frisson d'Hollywood en jouant son propre rôle dans *To the Ends of the Earth*, une mise en abyme de sa lutte infinie…

Mais il n'est déjà plus question de *mota* ou de *muggle* fumés en douce. L'Amérique fait face à un nouvel ennemi intérieur : le communisme. À l'heure de la chasse aux sorcières menée contre les « rouges », Harry Anslinger s'adapte. Après avoir fait interdire toute recherche médicale sur la marijuana, il délaisse la traque des Mexicains et des jazzmen pour celle des gauchistes et des rebelles intoxiqués. Or, désormais, même les jeunes Américains des campus universitaires, des Blancs de bonne famille, ont adopté la « Mary Jane ». Le cannabis n'appartient plus à un club ou à un clan, il rassemble un nouveau public, fédère une contre-culture. Au début des années 1960, partager un joint devient un geste politique.

« Sexe, drogue et rock » : le haschisch, superstar des années 1960

« Ooh, soudain je t'ai vu/Ooh, t'ai-je dit que j'avais besoin de toi/Chaque jour de ma vie ? » À la première écoute, le morceau des Beatles *Got to Get You into My Life*, paru sur l'album *Revolver* en août 1966, ressemble à une bluette. Les quatre de Liverpool, jamais avares en fausses pistes et doubles sens, se jouent cette fois encore des censeurs autant que de leurs groupies, promptes à entonner ce refrain. De fait, il n'est pas ici question d'un coup de foudre amoureux, mais du besoin de *weed* (« herbe »), comme le précisera plus tard Paul McCartney, auteur des paroles et fumeur notoire depuis que Bob Dylan l'a initié à New York, en 1964.

Dans les années 1960, l'herbe est une compagne célébrée par les artistes. Pour les scientifiques, en revanche, elle reste une belle inconnue. Il a fallu attendre

1964 pour qu'un chimiste israélien de 33 ans, Raphael Mechoulam, décrive pour la première fois la structure chimique du tétrahydrocannabinol (THC), le principal composé psychoactif du cannabis. Un travail à la limite de la légalité : c'est grâce au haschisch récupéré en douce auprès d'un policier de Tel-Aviv qu'il parvient à mener ses expériences.

Pendant que les chimistes explorent ses mystères, le cannabis conquiert donc de nouveaux publics. Après les *vipers*, ces jazzmen américains amateurs d'herbe, bien d'autres artistes voient en elle une source d'inspiration, bientôt célébrée dans des tubes au succès planétaire… C'est d'ailleurs cette propension à mettre en musique les paradis artificiels qui alerte, en 1969, l'Office des Nations unies contre la drogue et le crime, auteur d'une étude intitulée « L'approbation de l'usage de drogue dans la musique rock'n'roll ». L'agence onusienne s'essaie aussi à une explication de texte de chansons où se devinent des allusions – parfois cryptiques – aux drogues : *Puff, the Magic Dragon*, de Peter, Paul and

Mary, ou encore *Mr. Tambourine Man*, de Bob Dylan, bientôt reprise par les Byrds…

Les chanteurs et musiciens jamaïcains, eux, ne s'encombrent pas de tels sous-entendus. À partir des années 1970, l'expansion internationale du reggae va contribuer à ancrer encore davantage dans l'univers culturel l'image d'une herbe inoffensive, aux vertus supposées multiples, notamment en matière de méditation et de créativité.

Ces artistes – Bob Marley en tête avec *Kaya* (1978) – s'affichent en fumeurs invétérés de celle qu'ils appellent tour à tour *ganja*, *sensee* ou *collie*. Pour en consommer, ils sont prêts à défier les interdictions. Leurs maisons de disques, elles, n'hésitent pas à en faire un argument marketing : sur les pochettes des albums, on fume volontiers.

Quelques heures au poste

De son côté, le groupe jamaïcain Culture connaît le succès avec son hymne *International Herb* (1979). À en croire les paroles, « même les docteurs et les scientifiques » s'accordent pour dire combien elle est bénéfique ; quant aux écoliers, c'est bien simple, ils « l'adorent ». Le très jeune DJ Billy Boyo, encore mineur à l'époque, le confirme avec un morceau où il recommande de fumer un joint par jour (*One Spliff a Day*) afin d'« éloigner le diable ».

Cette posologie n'est pas recommandée par les Nations unies. L'idée, si rassurante pour les artistes, d'une drogue « cool » et sans danger – au contraire, notamment, de l'héroïne – a été au cœur des discussions des délégués réunis à New York dès le printemps 1961. Le 30 mars de cette même année, soixante-treize pays ont voté la convention unique sur les stupéfiants, qui a placé le cannabis dans le tableau 1, celui des substances les plus dangereuses et sans utilité médicale, au même titre que la cocaïne, l'héroïne ou l'opium. Pour la première fois, à l'échelle du droit international, les drogues dites « dures » et « douces » étaient ainsi réunies sans distinction.

Mais rien n'y fait : devenu un produit culturel à part entière, le cannabis est célébré dans une trilogie résumée pour la première fois en page 77 du numéro du 17 octobre 1969 du magazine américain *Life* : « La contre-culture a ses sacrements dans le sexe, la drogue et le rock'n'roll ».

L'Europe aussi a suivi le mouvement. Pour illustrer la pochette de leur album *Sgt. Pepper's Lonely Hearts Club Band*, en juin 1967, les Beatles ont choisi soixante et onze personnalités influentes à leurs yeux. Dans le lot, quatre gourous indiens, ainsi que le visage méphistophélique d'Aleister Crowley (1875-1947), le mentor occultiste des premiers fumeurs romantiques anglais.

Au fil des tournées, des sessions d'enregistrement ou de leurs brefs moments de pause, les quatre de Liverpool mettent en pratique leur amour pour l'herbe et en paient les conséquences – souvent mineures : de modestes amendes ou quelques heures au poste. John Lennon et Yoko Ono sont arrêtés en 1968, à Londres. L'année suivante, le même officier de police, Norman Pilcher, pince George Harrison et Pattie Boyd, qui rateront ainsi le mariage de Paul McCartney et Linda Eastman… Les Rolling Stones ne sont pas en reste. Dans leur copieux casier judiciaire figurera une condamnation pour « trafic de cannabis » notifiée à Keith Richards par le tribunal de Nice, le 15 octobre 1973.

Le joint devient politique

C'est un fait divers bien plus tragique qui relance, en France, le débat sur les stupéfiants. La nuit du 25 août 1969, une adolescente prénommée Martine meurt d'une overdose d'héroïne dans les toilettes d'un casino varois. Ce drame lance les discussions sur ce « fléau social » qu'est la drogue. Herbe, résine et poudre s'invitent dans les discussions de l'Assemblée nationale. Un an plus tard est votée une loi d'exception contre la toxicomanie, le trafic et l'usage de « substances veneneuses ». Ce texte poursuit et complète la loi de 1953 qui avait retiré le cannabis de la pharmacopée nationale. L'usage des drogues est pénalisé sans distinction, cannabis inclus.

La France adapte, à sa manière, le modèle des États-Unis, ce pays où la frange conservatrice de la population s'est mise à craindre, au fil des années 1960, des fumeurs d'un autre genre que les jazzmen ou les migrants latinos d'autrefois. Ceux-là sont Blancs, ils ont lu l'autobiographie de Mezz Mezzrow (un clarinettiste de jazz promoteur du *muggle*), mais aussi les poèmes de Baudelaire et des autres artistes maudits amateurs de confiture au haschisch. Ils suivent Allen Ginsberg, Jack Kerouac, Timothy Leary, ces chantres de l'herbe ou des champignons psilocybes. Beat Generation, beatniks et bientôt hippies : le joint est devenu politique, libertaire, contestataire. Sur la côte ouest, San Francisco, et notamment le quartier de Haight-Ashbury, est le fief de cette contre-culture. Sur la côte est, à New York, Greenwich Village fourmille lui aussi de fumeurs, réunis autour de concerts, manifestations, fanzines et happenings en tout genre.

Le mythe d'une drogue source de création, propice à un voyage dans sa propre psyché autant que vers les autres, se vit également « sur la route », au long de pèlerinages où un public majoritairement blanc et occidental part en quête de sources d'inspiration. Le hippie trail relie l'Europe à l'Orient et à ses paradis supposés. Après la Turquie, le Liban, l'Afghanistan et l'Inde, terminus à Katmandou, au Népal, plus précisément sur « Freak Street », point de convergence de ces idéalistes. Le Maroc (en particulier Tanger), le Mexique ou la Jamaïque figureront aussi en bonne place dans la géopolitique du pétard.

Pour certains de ces jeunes, la revente du haschisch s'impose comme une occasion d'affaires. William Hayes, un étudiant américain, va le payer au prix fort. À son quatrième voyage Istanbul-New York, avec 2 kilos de résine scotchés autour du corps, il se fait arrêter à l'aéroport et jeter dans les geôles turques.

Libéré après quatre ans, Hayes vend son histoire à Hollywood. *Midnight Express* (1978) devient l'un des films cultes d'une génération, le symbole de la frontière, si ténue, entre les vertus clamées de partage désintéressé et la tentation des trafics.

Agent infiltré

Au-delà du cas de Hayes et des trafiquants du hippie trail, cette génération nomade partage des engagements : contre la guerre du Viêt Nam ; contre les valeurs morales conservatrices, notamment au sujet de la sexualité ; ou encore contre l'idéologie capitaliste et la consommation de masse.

Le républicain Richard Nixon, élu à la Maison-Blanche le 5 novembre 1968, craint cette armée de cheveux longs, tout comme il se méfie des mouvements afro-américains. Il décide donc de lancer des initiatives antidrogues à tout-va. Fin septembre 1969, l'opération « Interception » consiste à fouiller chaque véhicule traversant la frontière avec le Mexique afin d'assécher le trafic de cannabis. Peu avant Noël 1970, le président prend la pose, dans le Bureau ovale, avec un invité de marque, vêtu d'une cape en velours mauve : Elvis Presley. Le King soutient la lutte antidrogue et obtient même un badge du Bureau fédéral des stupéfiants (les « stups »), auprès duquel il a émis le souhait de devenir un agent infiltré…

Mais un cliché avec le King ne suffit pas à Nixon pour régler le sort de la drogue, qu'il désigne comme « l'ennemie numéro un » du pays. Il missionne le sénateur républicain de Pennsylvanie Raymond Shafer pour proposer des pistes législatives. Comme l'ont consigné les enregistrements audio du président républicain, ce dernier veut « une putain de déclaration forte sur la marijuana ». Mais le rapport de la commission Shafer, rendu le 22 mars 1972, va le décevoir. Pris à contre-pied par ce texte ouvrant la loi à une décriminalisation de la possession de petites quantités de cannabis, Nixon ignore ces recommandations. Pour mener sa guerre, il préfère créer, en 1973, la Drug Enforcement Administration (DEA). Cette agence, qui rassemble le

Bureau des stupéfiants et des agents des douanes, s'appuiera sur des méthodes paramilitaires – infiltrations, raids musclés, réseau international d'agents – pour s'attaquer aux trafiquants.

Nixon poursuit ainsi l'œuvre menée par Harry Anslinger (le chef historique des « stups »), qui, aveugle, épuisé et dépendant à la morphine, meurt le 14 novembre 1975. Cette année-là, plus de 400 000 Américains sont arrêtés pour des délits liés à la marijuana, contre moins de 25 000 en 1965.

Ce jeu du chat et de la souris entre policiers, dealeurs et fumeurs, un pays d'Europe occidentale décide de ne pas y prendre part. À Amsterdam, aux Pays-Bas, « hub » historique des contrebandiers et place forte de la contre-culture, se prépare une révolution douce. Un pari à haut risque, bientôt brandi comme un slogan : la légalisation.

Le « coffee shop », une révolution néerlandaise, un jalon sur le chemin de la légalisation

La consigne avait été donnée quelques mois avant le lancement de cette opération sous couverture : « Messieurs, laissez-vous pousser les cheveux. » Le jour J, affublés de chemisettes pastel et de lunettes de soleil fantaisie, huit jeunes enquêteurs de la police de Rotterdam se fondent dans la masse des hippies réunis sur les rives du lac de Kralingse pour le festival Holland Pop en 1970. « Sexe, drogue et rock'n'roll » pourrait être le programme officieux de ce rassemblement en plein air de trois jours (26, 27 et 28 juin 1970). Parmi les têtes d'affiche figurent T. Rex, Jefferson Airplane, Santana, The Byrds… Et Pink Floyd pour clôturer le tout. Mais c'est une autre vedette qui met la police en alerte, une herbe : le Cannabis sativa, de son nom scientifique.

Avec 100 000 festivaliers, dont deux tiers de resquilleurs, Holland Pop s'annonce comme la plus vaste réunion de fumeurs jamais vue. Devant l'impossibilité de contrôler chacun d'eux, la police a trouvé un accord avec les organisateurs : faire de cet événement une expérimentation à grande échelle des libertés si chères aux hippies, à commencer par celle de fumer ce que bon leur semble. En échange, l'« équipe drogue », formée de soixante-dix bénévoles, de médecins et de médiateurs, s'engage à garantir la bonne santé de tous. Les infiltrés, eux, seront là en observateurs, au cas où les choses dégénéreraient. Mais ce n'est pas le cas : entre soleil et pluie, tout va pour le mieux. La musique est de qualité, le camping reste propre et il y a même une garderie pour les enfants. Quant à l'herbe, elle circule tant qu'elle vient vite à manquer.

Un jeune de 20 ans, Henk de Vries, venu avec des copains, sent qu'il tient là un filon. Il décide de quitter un temps la fête pour aller se ravitailler à Amsterdam. Sur le chemin du retour, il achète un stock de boîtes d'allumettes, les vide pour les remplir d'herbe, et se poste sur un pont très passant. Avec la bénédiction des organisateurs, qui annoncent sa présence dans les haut-parleurs, il peut dealer en paix, sous les yeux des agents infiltrés vautrés sur la pelouse.

Briser les tabous

Lorsque le silence retombe sur le lac de Kralingse, après le final planant d'*Interstellar Overdrive* (Pink Floyd), le pari est gagné. Pas une bagarre, pas une overdose, pas un mort à déplorer sur la plaine. La légende dit même qu'un enfant y serait né. L'histoire retiendra surtout ce laisser-faire contrôlé sur la consommation d'herbe, une souplesse immédiatement analysée au sommet de l'État néerlandais. Serait-ce le commencement d'une révolution ? Car au-delà du festival, tout le territoire national est confronté à une explosion de l'offre et de la demande de drogues. Ce pays à la longue tradition commerciale est devenu une plaque tournante dans la fourniture de stupéfiants de tous types. La police est débordée ; les autorités s'interrogent sur l'évolution de la société.

De fait, il y a de quoi être déconcerté, à l'époque, en se baladant dans Amsterdam. On peut y croiser des « provos », ces activistes maîtres des happenings, mais aussi des hippies et d'autres tribus urbaines. La place centrale – le Dam – est une sorte de scène ouverte de jour et un dortoir géant la nuit. Mais derrière ce tableau plutôt bon enfant, la situation est critique. L'héroïne, la cocaïne ou encore le LSD ont envahi les bords des canaux, en particulier le quartier De Wallen (le « quartier rouge »), marché de la dope à ciel ouvert. Entre les trafiquants asiatiques basés à Chinatown – aux abords de De Wallen – et les nouveaux venus surinamais, la concurrence fait rage. De quoi ajouter de la tension à un quotidien déjà riche en bagarres entre les *pleiners*, fumeurs d'herbe, artys, amateurs de jazz, et les *dijkers*, ces mauvais garçons en blouson noir boostés à l'alcool et au LSD.

Signe du succès grandissant du cannabis, la boîte la plus tendance d'Amsterdam, le Paradiso, doit faire le ménage parmi la quarantaine de dealers présents lors des soirées les plus courues. Aussi fondamental que le DJ, un *house dealer* (dealer maison) est accrédité par la direction, qui s'assure des prix et de la qualité de la marchandise. L'initiative est à mettre au crédit d'un jeune homme aux longs cheveux surmontés d'un large chapeau, Koos Zwart.

En matière de stupéfiants, c'est à la fois un expérimentateur, un pédagogue et un médiateur. Chaque samedi matin, sur les ondes de la radio publique, il animera bientôt une émission unique en son genre : d'une voix monocorde, il lit le cours d'une Bourse toute particulière, celle des prix des différentes drogues disponibles à Amsterdam. « Koss », comme chacun l'appelle, n'est pas n'importe qui : c'est le fils d'Irene Vorrink, la ministre de la Santé…

C'est dans ce contexte, à l'été 1970, qu'arrive le festival Holland Pop, salué comme une réussite. Dépassé par les drogues, le gouvernement doit changer de tactique, quitte à briser les tabous. Un comité d'étude, présidé par le criminologue Louk Hulsman, connu pour ses positions abolitionnistes, propose, fin 1971, un parcours graduel vers la « décriminalisation » de tous les stupéfiants. Quelques mois plus tard, une autre commission poursuit la réflexion dans un rapport intitulé « Le chanvre, quand on tire sur la corde ». Elle convainc la coalition au pouvoir d'assouplir la législation.

Temps d'avance

Le projet de loi, qui sera voté en 1976, est moins idéologique que pragmatique. Il appelle à délaisser les poursuites envers les consommateurs de cannabis (jusqu'à cinq grammes par personne et cinq plants cultivés par foyer) afin de se focaliser sur les drames liés aux drogues « dures ». L'offre de drogue pourra bénéficier d'un agrément de l'État, au sein de coffee shops, des boutiques réservées à la consommation de joints achetés sur place. À l'échelle mondiale, cette dépénalisation est une révolution. Mais, à vrai dire, certains dealers ont déjà un temps d'avance…

Pour retrouver l'origine des coffee shops, il faut remonter bien avant l'évolution de la loi, et tendre l'oreille. Suivre le tempo du jazz, d'abord, au fond du Cotton Club, un bar de la place de Nieuwmarkt, au cœur d'Amsterdam. Parmi les habitués, dès les années 1950, figurent des soldats afro-américains basés en Allemagne. Deux dealers surinamais, Blackie et Small Boy, les fournissent en cigarettes « spéciales ». Un coffee shop avant l'heure, en quelque sorte. Mais ce n'est pas le seul…

Dans le port d'Utrecht, voici par exemple le Sarasani, inauguré en 1968 : le propriétaire y conserve le cannabis dans un vivarium où pataugent deux caïmans. Citons encore le Mellow Yellow, à Amsterdam, créé en 1972 par un certain Wernard Bruining, 22 ans, à la place d'une boulangerie. Derrière la vitrine décorée d'un sous-marin jaune, les dealers sont assis au bar. La marchandise est conservée derrière une porte dérobée.

En ce début des années 1970, le quartier De Wallen, à Amsterdam, n'attend pas non plus le législateur pour se lancer à son tour dans ce business florissant. En 1975, Henk de Vries, le dealer malin du festival Holland Pop, sort de deux ans de prison pour contrebande, purgés en Allemagne, quand il décide de transformer le sex-shop hérité de son père en une boutique baptisée Bulldog, dont la salle au sous-sol est présentée officiellement comme un ciné-club…

Peu à peu, le Bulldog et les autres établissements pionniers imposent leurs règles : des prix fixes, de la marchandise sourcée, vendue sous sachet plastifié et non dans de l'aluminium (il n'était alors pas rare de se faire refiler de la nourriture pour chien ou des petits bouts de pneu), pas d'alcool, mais aussi l'assurance de récupérer sa commande lors d'une prochaine visite en cas de descente de la police et de confiscation de la marchandise.

L'importation de cannabis est alors essentiellement l'affaire d'amateurs, de routards de retour du « hippie trail », rapportant d'Afghanistan ou du Liban des quantités modestes de haschisch planquées au fond des sacs à dos. Avec le développement des coffee shops, quelques trafiquants locaux plus ambitieux émergent. Dans le lot, Simon Adriaanse, alias Frits van de Wereld. Connu dans le « quartier rouge » pour ses activités de proxénète et dans les jeux d'argent, il a fait appareiller au Liban un bateau de pêche, le *Lammie*. Il ne se doute pas que les enquêteurs néerlandais disposent d'un tout nouveau système d'écoutes téléphoniques…

En avril 1974, ils suivent à distance les trois semaines de périple du *Lammie*, lesté de quatre tonnes de résine de cannabis. Lorsqu'il commence à décharger sa marchandise, à proximité d'un petit port du nord du pays, le navire est pris en chasse par un bateau de la police. Le premier tir de sommation n'arrête pas sa fuite. Dans la brume des grenades lacrymogènes lancées sur son pont, le *Lammie* sombre, coulé par son capitaine. Cette séquence, digne d'un film d'action, fera la une des journaux du lendemain. Elle montre à quel point l'importation est devenue hautement stratégique.

Même si le consommateur est au cœur de la nouvelle réglementation adoptée en 1976, il reste un angle mort : la question de l'approvisionnement en cannabis n'est pas prise en compte ; la loi n'impose aucune vérification du pedigree des fournisseurs ou de l'origine de la marchandise. Or les coffee shops, qui pullulent désormais le long des canaux, ont besoin de quantités toujours plus importantes et ne peuvent se satisfaire de la Nederwiet, l'herbe néerlandaise : surnommée « épinard », elle ne satisfait guère les initiés. Sans compter que la production coûte cher.

Par un tel climat, avec les quelques variétés à disposition, il faut investir dans des serres, importer les techniques américaines – engrais, lumières, packaging hermétique… – et leurs meilleures graines, telles que la sinsemilla californienne.

Mais tout cela reste artisanal. La demande est telle qu'il faut imaginer des filières d'approvisionnement plus fiables. Reste à savoir lesquelles… Les routes de l'Orient ? Minées par les conflits et les difficultés logistiques, elles paraissent risquées.

C'est dans ce contexte qu'émerge peu à peu un fournisseur bientôt incontournable : le Maroc. La région du Rif, dans le nord, est le seul territoire du royaume où la culture du cannabis (kif) est tolérée depuis l'indépendance du pays, en 1956. Naturellement, au fil des migrations familiales et de partenariats d'affaires, la connexion va s'établir avec les Pays-Bas. Des champs à flanc de colline du Rif jusqu'aux arrière-boutiques d'Amsterdam va se construire un nouvel empire criminel : celui des barons du « shit ».

Le Rif marocain
et son « kif »
à la conquête de l'Europe

En ce début de mois d'août 1977, deux jeunes Français, Gérard et sa fiancée Nicole, quittent leur Lot-et-Garonne natal en direction du Maroc, d'où ils comptent rejoindre la Mauritanie, puis le Sénégal. L'assurance d'un dépaysement total pour ces deux habitants de Marmande. À l'origine, ils n'avaient pas prévu de faire un détour par les montagnes marocaines du Rif, ces massifs qui bordent la Méditerranée, mais les points de vue y sont, paraît-il, magnifiques, et ils ont donc modifié un peu leur programme. Or voilà désormais trois semaines que leurs familles n'ont plus de nouvelles. Un accident ? Une mauvaise rencontre ? Inquiètes, elles signalent leur disparition au consulat. Vérification faite, ils se trouvent à la prison de Tanger. Comme le relatera *Le Monde* en septembre 1977, ils ont été arrêtés à plus de cent kilomètres de là, à Chefchaouen, en possession de soixante-trois grammes de chiira, l'un des noms de cette poudre résineuse extraite du cannabis, l'une des rares plantes à s'accommoder des contraintes locales (relief accidenté, sol pauvre, précipitations abondantes).

Comme bien d'autres routards européens attirés par les volutes du kif marocain (un mélange de tabac et de cannabis), Gérard et Nicole doivent s'acquitter d'une forte amende pour recouvrer la liberté. Ils se demandent s'ils n'ont pas fait l'objet d'un racket de la part des autorités, qui ciblent les voyageurs occidentaux tout en tolérant la culture du cannabis, officiellement interdite depuis l'indépendance du pays, en 1956. Bien souvent, les vendeurs sont d'ailleurs eux-mêmes à l'origine des dénonciations, dans l'espoir de percevoir une commission sur l'amende à venir.

À mesure que l'intérêt grandit pour cette « spécialité » consommée depuis des siècles avec une pipe à kif (sebsi) ou sous la forme d'un gâteau à base de miel, d'amandes et parfois de dattes, les Rifains s'organisent pour que les bénéfices ne leur échappent pas. Les paysans locaux ont fait leurs calculs : cette culture-là peut rapporter dix fois plus que le blé, l'orge, l'amandier ou l'olivier. Ceux de la commune de Ketama, entre Tétouan et Al-Hoceïma, ont même développé, grâce à des presses mécaniques, la fabrication de plaquettes de résine de cannabis de vingt centimètres sur dix centimètres, épaisses de deux centimètres, enveloppées ensuite dans du plastique. Faciles à transporter à la ceinture, à cacher dans les voitures ou dans des ballots ceints de toile de jute, elles prennent le chemin des ports (Tanger, Casablanca, Tétouan) avant d'être acheminées, parfois avec la complicité d'un douanier conciliant, vers le littoral espagnol.

Cocotte-Minute et couscoussiers

Il est loin le temps où le protectorat français (1912-1956) organisait le commerce du cannabis au sein du royaume avec la Régie des kifs et des tabacs, confiée à la Banque de Paris et des Pays-Bas, qui deviendra, plus tard, Paribas… Cet essor des cultures, mené à bas bruit sous le regard ambivalent du pouvoir central marocain au prix d'une déforestation massive et de la mise en place d'une logistique d'export de plus en plus structurée, ne se devine alors qu'à travers les saisies effectuées en Europe. En 1975, la police française met la main sur près de deux tonnes de cannabis à bord du ferry Massalia, qui assure des liaisons entre le Maroc et Marseille. En 1987, près de cinq tonnes de résine, dissimulées dans deux conteneurs en provenance du Maroc, sont interceptées dans le port du Havre (Seine-Maritime) et en Seine-Saint-Denis. Les plaquettes avaient été cachées sous des cartons de Cocotte-Minute et de couscoussiers…

En 1992, le commerce du cannabis, avant toute transformation, représente un chiffre d'affaires de quelque 11 milliards de francs (2,64 milliards en euros d'aujourd'hui). La réputation de l'herbe marocaine n'est plus à faire : cultivée sur au moins 50 000 hectares à travers le pays, elle est considérée comme la meilleure au monde.

C'est le moment choisi par le roi Hassan II, au pouvoir depuis 1961, pour annoncer une « lutte sans merci » contre ce trafic. Sous la pression des Européens, inquiets de l'ampleur du phénomène, il lance un plan quinquennal destiné notamment à inciter les agriculteurs à réorienter leurs activités vers d'autres cultures. Mais, passé quelques opérations policières spectaculaires, cette stratégie vire à l'échec. L'argent du cannabis nourrit déjà trop de monde. Le souverain sait, par ailleurs, que les terres du Rif peuvent se révéler frondeuses, voire séparatistes. Ses habitants ne se sont-ils pas soulevés contre le pouvoir central en 1958, deux ans à peine après l'indépendance, avant que la révolte ne soit réprimée ?

Depuis la villa qu'il a fait construire au-dessus de la plage de Sidi Kankouche, au nord de Tanger, Ahmed Bounekkoub, surnommé « Dib » ou « le Loup », attend que les conditions géopolitiques nécessaires au business soient de nouveau réunies. Avec quelques autres, comme Abdelouhed Meziane dit « le Roi du chocolat », il fait partie des barons marocains du shit (« merde » en anglais, désignant au départ du haschisch de mauvaise qualité coupé par les trafiquants afin de gagner en rentabilité). Ils maîtrisent la logistique, disposent de relais dans la police et la politique, et d'une belle liste d'acheteurs européens.

Ambassadeurs influents

Parmi eux, les Felahi et les Chir. Ces deux familles issues de l'immigration algérienne installées respectivement à la cité des Francs-Moisins, à Saint-Denis, et à celle des 4000, à La Courneuve, exercent un quasi-monopole sur la revente du cannabis en Seine-Saint-Denis, au début des années 1990. Leur petite entreprise ne résiste toutefois pas à l'intervention de la brigade des stupéfiants à l'aube d'une journée de février 1993. Dans l'appartement de la famille Felahi, les policiers retrouvent 240 kg de cannabis cachés sous un lit et plus de 450 000 francs en liquide. Une perquisition menée dans un local commercial est encore plus fructueuse : près de 1,9 tonne de résine de cannabis y attendait d'être revendue.

Preuve de la surprise qui saisit alors les autorités locales, le maire de Saint-Denis, Patrick Braouezec (Parti communiste français), se porte partie civile dans la procédure considérant que la ville et sa population ont subi une « atteinte à l'image de toute une cité qui refuse d'être dans sa globalité assimilée aux trafiquants de drogue ». Toujours à l'affût des évolutions du crime organisé, l'ancien commissaire Robert Broussard, alors préfet hors cadre, avait pourtant alerté, dès la fin de l'année 1992, le ministère de l'Intérieur sur le développement dans certaines cités HLM de « systèmes microéconomiques de type mafieux ».

Malgré cette réussite policière ponctuelle, les intérêts marocains à poursuivre la culture du cannabis et le jeu diplomatique de dupes avec la France apparaissent comme autant de freins à l'extinction du trafic. D'autant que la consommation de ce produit aux multiples appellations (teuch, bedo, spliff, zetla, chichon…) se banalise grâce à des ambassadeurs influents. En 1995, les rappeurs de NTM entonnent *Pass pass le oinj*, et les Américains de Luniz font le tour du monde avec *I Got 5 on It*. Quant aux Californiens de Cypress Hill, accompagnés d'un bouddha géant floqué d'une immense feuille de cannabis, ils enfument le public du Zénith, à Paris, au son de *I Wanna Get High*…

Au même moment, l'Observatoire géopolitique des drogues met les pieds dans le plat. Dans un rapport dont la version publique a dû être édulcorée pour ne pas froisser le royaume chérifien (en vain), il détaille le niveau de corruption qui assure aux réseaux l'appui des « protecteurs, que l'on peut trouver associés au trafic à tous les niveaux, du plus humble fonctionnaire des douanes aux proches du Palais, en passant par tous les échelons de l'administration centrale, des administrations locales, des organisations politiques ou des institutions élues ». C'en est trop pour Hassan II, décidé à poursuivre en France la presse qui se fait l'écho du rapport. En 1997, *Le Monde* est condamné pour offense envers un chef d'État étranger. C'est dire si le sujet demeure tabou pour Rabat.

« Narcobanditisme »

À l'époque, cela fait d'ailleurs près de vingt-cinq ans, depuis 1973, que la publication d'un livre autobiographique sur les réalités rifaines est interdite au Maroc. Dans *Le pain nu* (François Maspero, 1980), l'écrivain Mohamed Choukri raconte l'histoire de sa famille et son départ du Rif vers Tanger en quête d'une vie plus douce. « Les femmes, le vin et le kif. Folie. Tétouan est folle. Je suis le fou de Tétouan. Telle est ma nostalgie », écrit-il notamment. Prostitution, contrebande et drogue. Autant de réalités que refuse le royaume, qui n'autorisera la publication de l'œuvre qu'en 2000.

Au début du XXIe siècle, le débat sur le cannabis est plus ouvert en Europe, où la banalisation de l'usage de cette « drogue douce » nourrit les questions sur une possible légalisation de sa consommation. En 2000, en Allemagne, une performance artistique au cœur du Parlement est l'occasion d'une provocation fomentée par deux élus Verts facétieux. L'artiste Hans Haacke avait invité les députés allemands à répandre de la terre de leur circonscription sur un parterre où il était inscrit : « À la population », afin de voir ce qui y pousserait. L'occasion pour les Verts d'y déposer de la terre ensemencée de graine de cannabis. « Le Reichstag se transforme en plantation de cannabis », titre alors la presse. En 2001, la Belgique autorise la consommation personnelle, alors qu'en France une étude montre qu'à 17 ans un garçon sur deux et deux filles sur cinq ont déjà expérimenté le cannabis.

À l'ombre de ces questions sociétales auxquelles elle ne participe pas émerge une nouvelle génération de trafiquants internationaux issus des banlieues françaises. Des hommes habiles, ambitieux, mobiles… Violents, s'il le faut.

Biberonnés à l'ultracapitalisme, ils gèrent leur commerce comme des entreprises avec le profit pour seule fin. Ils viennent de Marseille, de Nantes ou d'Île-de-France, se nomment Madjid Djemai, dit « le Maire de Saint-Denis », Sofiane Hambli, dit « la Chimère », Moufide « Mouf » Bouchibi, Hakim Berrebouh, dit « le Marcassin », ou Youness Lahrach, dit « Youness le Nantais », disposent, le plus souvent, de la double nationalité franco-marocaine ou franco-algérienne et règnent sur le trafic de cannabis en France. Au fil du temps, le terme « narcobanditisme » fait son apparition dans la littérature policière spécialisée.

Mais le vent de la légalisation qui souffle outre-Atlantique pourrait bien venir redistribuer les cartes du business. En 2013, l'Uruguay est devenu le premier pays du monde à autoriser la production, la distribution et la consommation du cannabis. Un précédent qui risque bien de faire des émules, tant il ouvre un nouvel horizon d'opportunités.

Cannabis : après la légalisation, les nouvelles pousses du capitalisme

À Smiths Falls, une bourgade de l'est du Canada, la fortune a longtemps eu l'odeur du chocolat. Celle que dégageait l'usine du géant de la confiserie Hershey, premier employeur de cette petite ville de l'Ontario, jusqu'à ce que l'entreprise décide, en 2008, de délocaliser sa production au Mexique.

Dix ans plus tard, alors que la ville est engluée dans le marasme économique, un intrigant repreneur transforme l'usine laissée à l'abandon. Smiths Falls exhale bientôt un autre parfum, celui du cannabis, et devient la capitale d'une industrie dont les habitants apprennent le nom à mesure qu'ils sont réembauchés : la Weed Tech – les nouvelles technologies appliquées à l'herbe.

La nouvelle fierté locale s'appelle Canopy Growth, numéro un mondial de la production de cannabis. En 2019, un an après le rachat des installations, l'entreprise atteint un record de valorisation boursière à 13,7 milliards d'euros et son P.-D.G., David Klein, est alors le mieux payé du Canada. Les cylindres géants utilisés jadis par Hershey pour mélanger le sucre des barres chocolatées servent désormais à l'irrigation des plants de « marijuana ». La *factory* tourne à plein : 800 000 joints par jour.

Miser sur Smiths Falls, en cette année 2019, n'a rien du hasard. Voilà tout juste quelques mois que le pays a légalisé le cannabis, et les clients potentiels sont nombreux. Selon l'organisme officiel Statistique Canada, 20 % des habitants âgés de plus de 15 ans sont alors des fumeurs réguliers. Le cabinet Deloitte estime à 2,5 milliards de dollars américains le marché national du cannabis légal en 2020, et anticipe sa croissance à 6,7 milliards en 2026.

De quoi donner à Canopy Growth des rêves de grandeur… Sauf que la société, trop ambitieuse, mal préparée, soumise aux stricts quotas des licences médicales et aux rigidités d'un secteur contrôlé par l'État, va exploser en vol.

Mastodontes de l'alcool et du tabac

Cotée au « Cannabis Index » de la Bourse de Toronto, son action dévisse, passant de 32,80 dollars en février 2021 à 7,12 dollars en février 2022, et à moins de 39 cents à l'été 2023. Au quatrième trimestre de 2022, l'entreprise accusait 260 millions de dollars de pertes nettes. Elle a licencié huit cents employés, dont la majorité du personnel de Smiths Falls. L'usine a de nouveau fermé. L'éphémère capitale du cannabis a replongé dans la crise.

L'« affaire » de Smiths Falls n'est pas anecdotique. C'est la parabole d'un secteur ultraspéculatif, où règnent l'anticipation et les paris financiers déraisonnables. Ses pionniers sont à l'affût des légalisations du cannabis thérapeutique et récréatif à travers le monde. Chaque loi ratifiée donne le feu vert à la ruée vers un nouveau marché. Licences d'usage médical, confiseries aromatisées, recharges pour vapoteuses, huiles au CBD… Il faut du cousu main pour s'adapter à des réglementations locales souvent négociées de haute lutte.

Mais il faut pouvoir s'appuyer sur une trésorerie solide pour survivre aux retournements de conjoncture et maîtriser des aspects aussi divers que l'agriculture industrielle, la logistique, la chimie de pointe ou le marketing. Si bien que des mastodontes de l'alcool et du tabac ont déjà posé leurs pattes sur ce marché naissant, au moyen d'investissements discrets. Une mise au pot « pour voir », comme dans une partie de poker.

Du côté des pays, l'Uruguay de l'iconoclaste président José « Pepe » Mujica fait figure de pionnier, depuis 2013, date de la légalisation de la consommation et du commerce, mais il n'est pas considéré comme un débouché d'avenir. Idem pour le Lesotho ou la Nouvelle-Zélande, où l'autorisation du cannabis est limitée à l'usage médical. L'Asie n'offre pas encore, elle non plus, de perspectives de croissance, bien au contraire. À Singapour, la peine de mort est de rigueur pour qui s'aventure à vendre 500 grammes d'herbe.

La situation est bien différente aux États-Unis (premier consommateur au monde), où une quarantaine d'États ont franchi le pas du marché thérapeutique, et une dizaine celui du cannabis récréatif. Le président Joe Biden a annoncé en 2022 une amnistie pour les 6 500 personnes condamnées au niveau fédéral pour simple détention de cannabis. Il a aussi lancé une commission d'enquête chargée d'évaluer les occasions d'affaires autant que l'impact sanitaire d'une dépénalisation.

« Légalisation encadrée »

Six ans après la légalisation du cannabis récréatif en Californie, le marché américain se resserre autour de quelques « grands », en l'occurrence les sociétés capables de résister aux aléas politiques autant qu'à la concurrence déloyale des trafiquants.

Pendant que Canopy Growth continue de sombrer, ses concurrents les plus avisés, comme Green Thumb et Curaleaf, se déploient à travers le pays, aussi bien sur le segment des confiseries que sur la fourniture des dispensaires.

Une génération de self-made men s'est lancée sur ce marché en cultivant une image positive, vantée par des artistes, notamment de la chanson. « J'achète mes pêches en Géorgie et mon herbe en Californie », chante Justin Bieber dans son hit *Peaches*. Ce refrain n'est pas innocent : quelques semaines plus tard, l'artiste ontarien de 26 ans annonce sa collaboration avec la marque Palms pour vendre une collection de joints préroulés au goût de pêche. Il rejoint Jay-Z, fraîchement promu « visionnaire en chef » de The Parent Company, un nouveau colosse du secteur.

Avec ses 22 millions d'usagers, l'Europe est une cible de choix. La firme new-yorkaise Curaleaf, leader planétaire du secteur, vient d'investir dans une usine de transformation de cannabis à Setúbal, au Portugal. Parmi les pays ciblés par

Curaleaf figure aussi l'Allemagne, qui doit, avant la fin de l'année, mettre en application sa nouvelle loi de légalisation, portée notamment par l'implantation de « clubs » de consommateurs. Même l'Ukraine a ouvert la voie à l'usage médical du cannabis, en juin, au regard de « la douleur, du stress et des traumatismes de guerre », comme l'a souligné le président Volodymyr Zelensky.

La France, premier pays consommateur en Europe avec 5 millions d'adeptes, est le débouché privilégié du cannabis en provenance du Maroc. C'est aussi l'une des dernières nations européennes où l'usage médical n'est pas encore autorisé.

Pourtant, le débat de la légalisation « n'est pas sur la table », comme l'assure au *Monde* Nicolas Prisse, le président de la Mission interministérielle de lutte contre les drogues et les conduites addictives. Pas même après la publication du rapport du Conseil économique, social et environnemental, en janvier, constatant « l'échec de la politique de répression » et appelant à une « légalisation encadrée ».

Licences

Cette situation ambiguë est mise en lumière dans une « note d'alerte » de l'Office antistupéfiants datée de 2021. Les policiers spécialisés s'inquiètent de « la banalisation du cannabis et du renforcement de l'argumentaire "pro-légalisation" », où « l'État est présenté comme un conservateur répressif ("dinosaure") en rupture avec l'opinion publique sur le sujet du cannabis. Ainsi, l'action des associations de prévention et surtout des services répressifs est décrédibilisée, rendant la lutte contre le cannabis plus difficile ».

Ailleurs, dans ce business où le moindre revirement politique peut conduire à la banqueroute, certains ont pris de l'avance. Citons par exemple le cas du Néerlandais Henk de Vries. En 1970, alors qu'il n'avait qu'une vingtaine d'années, il s'était distingué en vendant du cannabis lors du festival Holland Pop, à Rotterdam. Aujourd'hui âgé de 73 ans, il a fait carrière dans ce secteur. Son coffee shop, le

Bulldog, ouvert en 1975 dans le quartier rouge d'Amsterdam, est devenu un lieu de pèlerinage apprécié des touristes. Sous cette marque devenue iconique, il possède désormais des hôtels au Canada, des clubs à Ibiza et Barcelone (Espagne), des produits dérivés innombrables, mais aussi une boisson énergisante.

Se faire un nom dans le business légal serait-il une revanche pour les anciens dealeurs ? C'est la philosophie défendue par le maire démocrate de New York, Eric Adams. En novembre 2022, sa ville a octroyé trente-six premières licences à des revendeurs, sélectionnés selon une condition particulière : priorité aux ex-condamnés.

Un symbole de « justice sociale », d'après l'administration de la ville. « Au cours des trente dernières années, les New-Yorkais noirs ont été quinze fois plus susceptibles d'être arrêtés pour détention de cannabis que les blancs. Pour les latinos, c'est huit fois plus. Par conséquent, la moitié des licenciés du jour sont des personnes de couleur », annonçait le bureau de gestion du cannabis de l'État de New York, qui a aussi délivré 277 licences réservées aux agriculteurs.

Composés variables

Transformer les fournisseurs historiques du marché noir en cultivateurs labellisés du circuit légal est aussi l'ambition du pays considéré par les Nations unies comme le premier producteur mondial : le Maroc, plus précisément la région montagneuse du Rif. Jusqu'alors, la culture était tolérée et la commercialisation interdite. Rendre légale la production de cannabis à des fins médicales, cosmétiques et industrielles est justifié par les objectifs d'améliorer les revenus des agriculteurs et de développer l'emploi dans une région où les cultivateurs ne toucheraient actuellement que 4 % du chiffre d'affaires réalisé par la filière clandestine.

Dans le Rif, où plus de 100 000 familles vivent du cannabis, la nature même des graines est au cœur d'enjeux économiques et écologiques de premier ordre. Les coupables s'appellent mexikana, pakistana ou encore critikal : ce sont les « hybrides », ces variétés aux propriétés boostées en laboratoire, destinées à dominer le marché européen, tout en nécessitant sur place des besoins en eau accrus. Elles y concurrencent la beldiya, la graine historique, moins chargée en THC, à laquelle pourrait être promise une appellation d'origine contrôlée.

À l'heure où il est question de labelliser l'« herbe du diable », comme elle était appelée autrefois, la course aux nouvelles versions du cannabis se poursuit, au sein de laboratoires clandestins, autour de produits singeant les effets ou le nom de l'herbe millénaire. Chaque semaine, de nouveaux avatars, toujours plus puissants, sont disponibles en France, mais aussi sur des marchés plus lointains.

Le « kush », variété millénaire de l'indica (une sous-espèce de Cannabis sativa), circule aujourd'hui sous une autre forme dans les rues de Freetown, en Sierra Leone. Pour quelques dollars, les consommateurs s'intoxiquent avec les vapeurs d'une substance démoniaque aux composés variables, parfois coupés au tramadol et au formol. Loin des poètes romantiques du Club des haschischins du XIXe siècle, loin des artistes engagés et de la jeunesse du Flower Power, mais toujours à la recherche, sans fin, des paradis artificiels.

Table des matières

Chez le même éditeur
(extrait)

Jean-Philippe Acensi, Olivier Villepreux, *Le sport ne fait pas de quartiers*
Jean Claude Ameisen, avec Nicolas Truong, *Les chants mêlés de la Terre et de l'Humanité.* Illustrations de Pascal Lemaître
Christophe André, *S'écarter et savourer*
Cyril Aouizerate, Gabrielle Halpern, *Penser l'hospitalité*
Aurélien Aramini, *Du racisme et des jeunes*
Vincent Aubelle, Samuel Bosc, Georges Képénékian (dir.), *Hippocrate et les territoires*
Nathalie Bastianelli, *Quand la Chine s'éveille verte…*
Jacques Beauchard, *Ukraine : guerre et territoire*
Achraf Ben Brahim, *Pourquoi l'extrême-droite domine la toile*
Tahar Ben Jelloun, *Un pays sur les nerfs*
Jean-François Bernardini, *Un gramme de lumière*
Jean-François Bernardini, *L'autre Enquête corse*
Laurent Berger, avec Denis Lafay, *Au boulot !*
Laurent Berger, avec Denis Lafay, *Quelle société veut-on ?*

Laurent Berger, Jean Viard, *La société du compromis*

Eva Bester, avec Jérémie Peltier, *Une époque mélancolique ?*

Laurent Bibard, Nicolas Sabouret, *L'intelligence artificielle n'est pas une question technologique*

Jean Blaise, Jean Viard, avec Stéphane Paoli, *Pour une autre politique culturelle*

Jean-François Bouthors, *La démocratie, zone à défendre !*

Jean-François Bouthors, *Poutine. La logique de la force*

Rémi Branco, *Loin des villes, loin du cœur*

Pierre Brémond, *Brèves de sport*

Stéphane Breton (dir.), *Penser le silence*

Antoine Bristielle, *La démocratie bousculée*

Antoine Bristielle (dir.), *Que veulent les Français ?*

Antoine Bristielle, *À qui se fier ?*

Isabelle Cassiers, Kevin Maréchal, Dominique Méda (dir.), *Vers une société post-croissance*

Luc Cédelle, *Le système Blanquer*

Sophie Chabanel, *Maraudes littéraires*

Matthieu Chaigne, *La fabrique des solitaires*

Bernard Charlès, Pierre Musso, *La Renaissance de l'industrie*

Mahaut Chaudouët-Delmas, *Le pouvoir jeune*

Mahaut Chaudouët-Delmas, *Demain ne peut qu'être féministe*

Pierre Clastres, *Archéologie de la violence. La guerre dans les sociétés primitives*

Amandine Clavaud, *Droits des femmes : le grand recul*

Daniel Cohen, *Contre la solitude sociale*

Pierre Conesa, *État des lieux du salafisme en France*

Pierre Conesa, *Vendre la guerre*
Pierre Conesa, *Guide du paradis. Publicité comparée des Au-delà* (existe en version illustrée par Pascal Lemaître)
Marlène Coulomb-Gully, *Sexisme sur la voix publique*
Jonathan Curiel, *La société hystérisée*
Boris Cyrulnik, *La petite sirène de Copenhague*
Boris Cyrulnik, Edgar Morin, *Dialogue sur la nature humaine* (existe en version illustrée par Pascal Lemaître)
Boris Cyrulnik, Boualem Sansal, avec José Lenzini, *L'impossible paix en Méditerranée*
Boris Cyrulnik, Tzvetan Todorov, avec Nicolas Truong, *La tentation du Bien est beaucoup plus dangereuse que celle du Mal*
Julien Damon, *Aux frontières du logement ordinaire*
Julien Damon, *Qui dort dehors ?*
Julien Damon, *Inconfinables ? Les sans-abri face au coronavirus*
Marion Darrieutort, *Le temps des leaders pop !*
Caroline Dayer, *Sous les pavés, le genre*
Caroline Dayer, *Le pouvoir de l'injure*
Arthur Dénouveaux, Xavier Nogueras, Charlotte Piret, *Et nous nous sommes parlé*
Pierrick De Ronne, *Bien manger pour vivre mieux*
Mireille Destandeau, Marc Hatzfeld, *Le voyage intranquille*
Pascal Dibie, *Quelques pistes pour sentir venir le fascisme avant qu'il ne s'impose*
Pierre-Antoine Donnet, *Confucius aujourd'hui*
Pierre-Antoine Donnet, *Chine, le grand prédateur*
Pierre-Antoine Donnet, *Le leadership mondial en question*

Adrien Dubrasquet, *Le véganisme, une idéologie du* XXI*e siècle*
Bertrand Duccini, *Djihadisme, une pornographie de la violence*
Jean Dumonteil, *Éloge du local*
Éric Dupond-Moretti, avec Denis Lafay, *Le droit d'être libre*
Mahaut Fanchini, *Tous pourris ?*
Arnaud Florentin, *Et si l'antidote à l'urgence climatique était la diversité économique ?*
Michel Foucher, *Ukraine, une guerre coloniale en Europe*
Jérôme Fourquet, *Accueil ou submersion ? Regards européens sur la crise des migrants*
Renée Fregosi, *Cinquante nuances de dictature*
Guénaëlle Gault, David Medioni, *Quand l'info épuise*
Ludivine Gilli, *La révolution conservatrice aux États-Unis*
Nicolas Goarant, *Le sommeil malmené*
Martin Gray, avec Mélanie Loisel, *Ma vie en partage*
Flora Ghebali, *Ma génération va changer le monde*
Guillaume Gomez, Gabrielle Halpern, *Philosopher et cuisiner*
Géraud Guibert, *Le grand malentendu climatique*
Malika Hamidi, *Un féminisme musulman, et pourquoi pas ?*
Ghada Hatem-Gantzer, avec José Lenzini, *Aux pays du machisme ordinaire*
Adeline Hazan, Adrien Taquet, *La prison, alpha et oméga de la punition ?*

Françoise Héritier, avec Caroline Broué, *L'identique et le différent*
Danièle Hervieu-Léger, Bertrand Hervieu, *Le retour à la nature*
Stéphane Hessel, avec Gilles Vanderpooten, *Engagez-vous !* (existe en version illustrée par Pascal Lemaître)
Stéphane Hessel, avec Edgar Morin et Nicolas Truong, *Ma philosophie*
François Hollande, Edgar Morin, avec Nicolas Truong, *Dialogue sur la politique, la gauche et la crise*
Régis Juanico, *Bougeons !*
François Jullien, avec Nicolas Truong, *Pourquoi il ne faut plus dire « je t'aime »*. Illustrations de Pascal Lemaître
Valérie Jousseaume, *Plouc Pride. Un nouveau récit pour les campagnes*
Thierry Keller, *Quand on n'ose plus rien dire*
Thierry Keller, Blaise Mao, Arnaud Zegierman, *Les Français, ces incompris*
Thierry Keller, Arnaud Zegierman, *Entre déclin et grandeur*
Étienne Klein, avec Denis Lafay, *Sauvons le Progrès*
Maryna Kumeda, *Journal d'une Ukrainienne*
Smaïn Laacher, *Ça me pèse. Obésité et corps embarrassant*
Smaïn Laacher, *Juger la terreur*
Smaïn Laacher, *Le fait migratoire et les sept péchés capitaux*
Denis Lafay (dir.), *DémocratIA*
Denis Lafay (dir.), *Où va-t-on ?*
Denis Lafay (dir.), *Maintenant, on fait quoi ?*

Denis Lafay (dir.), *Éloge de la fragilité*

Denis Lafay (dir.), *Pour une véritable communauté humaine*

Pascal Lardellier, *Éloge de ce qui nous lie*

Pascal Lardellier, *S'aimer à l'ère des masques et des écrans*

Renaud Large, *Le choc des espèces*

Franck Lirzin, *Paris face au changement climatique*

Hervé Le Bras, *Le grand enfumage. Populisme et immigration dans sept pays européens*

Hervé Le Bras, *Serons-nous submergés ? Épidémie, migrations, remplacement*

Hervé Le Bras, *Se sentir mal dans une France qui va bien*

Hervé Le Bras, *Le sol et le sang*

Philippe Lemoine, *Une révolution sans les Français ?*

Roland Lescure, *Nos totems et nos tabous : dépassons-les !*

Milo Lévy-Bruhl, *Le théâtre de Léon Blum*

Raphaël Llorca, *Le roman national des marques*

Raphaël LLorca, *Les nouveaux masques de l'extrême-droite*

Raphaël LLorca, *La marque Macron*

Mélanie Loisel, *Ils ont vécu le siècle*

Mélanie Loisel, *Ils vivent le siècle*

Gilles Luneau, *Steak barbare*

Denis Maillard, *Indispensables mais invisibles ?*

Noël Mamère, avec Stéphanie Bonnefille, *Les mots verts*

Gauthier Marchais, *Le déni blanc. Penser autrement la question raciale*

Claire Marin, avec Nicolas Truong, *Vivre autrement*

Claude Martin, *La diplomatie n'est pas un dîner de gala*

Claude Martin, *Quand je pense à l'Allemagne, la nuit*

Damon Mayaffre, *Macron ou le mystère du verbe*

Dominique Méda, *Travail: la révolution nécessaire*

David Medioni, Jean Viard, *L'an zéro du tourisme*

David Medioni, *Éloge de la séduction*

David Medioni, *Être en train. Récits sur les rails*

Ève Menu, *Championnes*

Arnauld Miguet, *133 jours à Wuhan avec un chien, un chat et la peur au ventre*

François Miquet-Marty, *Les nouvelles fractures de l'humanité*

François Miquet-Marty (dir.), *Réinventons le progrès!*

Robert Misrahi, avec Denis Lafay, *Petit manuel de bonheur à l'usage des entrepreneurs… et des autres.* Illustrations de Pascal Lemaître

Nicolas Monceau, *Turquie: un dilemme européen?*

Chloé Morin, *Les inamovibles de la République*

Chloé Morin, Daniel Perron, *Être vieux: relégation ou solidarité?*

Edgar Morin, Pierre Rabhi, avec Denis Lafay, *Frères d'âme*

Edgar Morin, avec Nicolas Truong, *Attends-toi à l'inattendu*

Edgar Morin, *Mon ennemi, c'est la haine*

Edgar Morin, *De guerre en guerre*

Edgar Morin, *Culture et barbarie européennes*

Edgar Morin, *L'entrée dans l'ère écologique*

Edgar Morin, avec Denis Lafay, *Le temps est venu de changer de civilisation.* Illustrations de Pascal Lemaître

Edgar Morin, *La Marseillaise*. Illustrations de Pascal Lemaître
Edgar Morin, *Où est passé le peuple de gauche ?*
Edgar Morin, *L'esprit du temps*
Anne Muxel, *Politiquement jeune*
Anne Muxel, Adelaïde Zulfikarpasic, *Les Français sur le fil de l'engagement*
Gérard Noiriel, avec Nicolas Truong, *Les Gilets jaunes à l'épreuve de l'histoire*
Erik Orsenna, *Les vérités fragiles* (existe en version illustrée par Pascal Lemaître)
Cătălin Pavel, *L'archéologie de l'amour*
Daniel Perron, Gilles Van Peteghem, *Penser forêt*
Daniel Perron, *La forêt française*
Pascal Picq, avec Denis Lafay, *Une époque formidable*
Pascal Picq, avec Denis Lafay, *S'adapter ou périr. Covid-19 : faire front*
Pascal Picq, avec Denis Lafay, *Crise, et si c'était notre chance ?*
Niels Planel, *Là où périt la République*
Sandrine Prévot, *Inde. Comprendre la culture des castes*
Sandrine Prévot, *L'Inde, une société de réseaux*
Alexandra Profizi, *Le temps de l'ironie*
Sarah Proust, *Télétravail : la fin du bureau ?*
Pierre Rabhi, *La part du colibri* (existe en version illustrée par Pascal Lemaître)
Pierre Rabhi, avec Denis Lafay, *J'aimerais tant me tromper*. Illustrations de Pascal Lemaître
Richard Ramos, *Ces additifs alimentaires qui nous empoisonnent*
Jacques Rancière, avec Aliocha Wald Lasowski, *Penser l'émancipation*

Hubert Reeves, *Parmi des millions.* Illustrations de Pascal Lemaître
Chloé Ridel, *D'une guerre à l'autre*
Hubert Ripoll, *L'oubli pour mémoire*
Iannis Roder, *Prof, mission impossible ?*
Pierre Rondeau, *Fin de partie pour le foot ?*
Olivier Roy, avec Nicolas Truong, *La peur de l'islam*
Jean-Christophe Rufin, avec Denis Lafay, *Compostelle, en Chemin vers soi.* Illustrations de Pascal Lemaître
Alexandre S., *Je vous écris de Moscou*
Alexandre S., *Être ou ne pas être à Moscou*
Patrick de Saint-Exupéry, *Raconter la guerre*
Thibaut Sallenave, *Petit traité de ponctualité*
Thibaut Sallenave, *Changements d'adresse*
Laurent-David Samama, avec Jérémie Peltier, *Éloge de la défaite*
Laurent-David Samama, *Footporn*
Marlène Schiappa, *La culture du viol*
Marlène Schiappa, Jérémie Peltier, *Laïcité, point !*
Marlène Schiappa, *Le deuxième sexe de la démocratie*
Marlène Schiappa, *Une & Indivisible*
Céline Schoen, *Parents de djihadiste*
Robert Solé, *L'envers des mots*
Benjamin Stora, avec Thierry Leclère, *La guerre des mémoires*
François de Singly, *L'individualisme est un humanisme*
Kathleen Tamisier, *Le Crazy Horse dans l'intimité d'un cabaret de légende*
Alain Tarrius, *Trafics de femmes*

Alain Touraine, avec Denis Lafay, *Macron par Touraine*
Virginie Tournay, *Le vivant est-il gouvernable ?*
Michel Troisgros, avec Denis Lafay, *Le plaisir de faire plaisir*
Nicolas Truong, *La société du commentaire*
Nicolas Truong (dir.), *Résistances intellectuelles*
Nicolas Truong (dir.), *Résister à la terreur*
Nicolas Truong (dir.), *Le crépuscule des intellectuels français*
Nicolas Truong (dir.), *Philosophie de la marche*
Nicolas Truong (dir.), *Les penseurs de l'intime*
Jean-Didier Urbain, *Planète interdite*
Martin Vanier, *Le temps des liens*
Adèle Van Reeth, *Vivre et revivre encore*
Agnès Vannouvong, *C'est quoi ton genre ?*
Pierre Veltz, *Bifurcations*
Pierre Veltz, *La France des territoires : défis et promesses*
Pierre Veltz, *Paris, France, monde*
Jean Viard, *Une émeute est le langage de ceux qui ne sont pas entendus*
Jean Viard, *Un juste regard*
Jean Viard, *La France telle que je la connais*
Jean Viard, *La révolution que l'on attendait est arrivée*
Jean Viard, *La page blanche*
Jean Viard, *Le sacre de la terre*
Jean Viard, *Un nouvel âge jeune ?*
Jean Viard, *Le triomphe d'une utopie*
Jean Viard, *Nouveau portrait de la France*
Guillaume Villemot, *Quand le mépris devient la règle*

Marina Viotti, Gabrielle Halpern, *Et si le monde était un opéra ?*
Aliocha Wald Lasowski, *Imaginaire et politique de la créolisation*
Olivier Weber (dir.), *Pour qui travaillent les journalistes ?*
Olivier Weber, *Naissance d'une nation européenne. Réflexions sur la question ukrainienne*
Olivier Weber, *Si je t'oublie Kurdistan*
Olivier Weber, *Massoud, le rebelle assassiné*
Olivier Weber, *De l'esprit de résistance*
Ouri Weber, *La gauche en Israël*
Patrick Weil, *Être français* (existe en version illustrée par Pascal Lemaître)
Jean Ziegler, avec Denis Lafay, *Les murs les plus puissants tombent par leurs fissures*
Zhang Zhulin, *La surveillance Made in China*

Retrouvez notre catalogue sur
www.editionsdelaube.com

Pour limiter l'empreinte environnementale
de leurs livres, les éditions de l'Aube
font le choix de papiers issus de forêts durablement
gérées et de sources contrôlées.

Achevé d'imprimer en février 2024
sur les presses de l'imprimerie New Print
pour le compte des éditions de l'Aube
331, rue Amédée-Giniès, F-84240 La Tour-d'Aigues

Numéro d'édition : 6032
Dépôt légal : mars 2024
Numéro d'impression :

Imprimé dans l'Union européenne